新编 家装设计法则

客厅电视背景墙

主编 都 伟 唐 建 林墨飞

辽宁科学技术出版社
·沈 阳·

本书编委会

主　编：都　伟　唐　建　林墨飞
副主编：林　林　于　玲　陈　岩　宋季蓉　臧　慧

图书在版编目（CIP）数据

新编家装设计法则. 客厅电视背景墙 / 都伟，唐建，
林墨飞主编. —沈阳：辽宁科学技术出版社，2015.4
ISBN 978-7-5381-9131-8

Ⅰ. ①新… Ⅱ. ①都… ②唐… ③林… Ⅲ. ①住
宅—装饰墙—室内装饰设计—图集 Ⅳ. ①TU241-64

中国版本图书馆CIP数据核字（2015）第035924号

出版发行：辽宁科学技术出版社
　　　　　（地址：沈阳市和平区十一纬路29号　邮编：110003）
印 刷 者：沈阳新华印刷厂
经 销 者：各地新华书店
幅面尺寸：215 mm×285 mm
印　　张：6
字　　数：120千字
出版时间：2015 年 4 月第 1 版
印刷时间：2015 年 4 月第 1 次印刷
责任编辑：于　倩
封面设计：唐一文
版式设计：于　倩
责任校对：李　霞

书　　号：ISBN 978-7-5381-9131-8
定　　价：34.80元

投稿热线：024-23284356　23284369
邮购热线：024-23284502
E-mail: purple6688@126.com
http://www.lnkj.com.cn

前言 Preface

　　家居装饰是家居室内环境的主要组成部分，它对人的生理和心理健康都有着极其重要的影响。随着我国经济的日益发展，人们对家居装饰的要求也越来越高。如何创造一个温馨、舒适、宁静、优雅的居住环境，已经越来越成为人们关注的焦点。为了提高广大读者对家庭装饰的了解，我们特意编写了这套丛书，希望能对大家的家庭装饰装修提供一些帮助。

　　本套"新编家装设计法则"丛书包括《玄关·客厅》、《餐厅·卧室·走廊》、《客厅电视背景墙》、《客厅沙发背景墙》、《天花·地面》等5本书。内容主要包括：现代家庭装饰装修所涉及的各个主要空间的室内装饰装修彩色立体效果图和部分实景图片、家居室内装饰设计方法、材料选择、使用知识以及温馨提示等。为了方便大家查阅，我们特意将每本书的图片按照不同的风格进行分类。从欧式风格、现代风格、田园风格、中式风格和混搭风格等方面，对各个空间进行了有针对性的阐述。

　　电视背景墙，顾名思义就是在居室中充当电视或音响等位置的背景墙面，并能够展示一定的形象和风格。随着人们居住条件的日益改善，住宅布局也发生了很大的变化，其间最显著的改变是客厅面积大大增加了。客厅是一个家庭的名片，同时也是家人和来访者活动的中心，因此很多人就把居室的设计重心放在客厅，围绕客厅中心进行设计和装修已成为人们的共识。

　　电视作为客厅的主体，其摆放的区域往往是视觉的焦点。此外，近年来电视向更大、更薄、更清晰方向迅速发展，其变化对客厅整体设计至关重要。所以，电视背景墙成为整个居室设计和装修的重中之重，同时起到丰富视听空间形象的作用。事实上，客厅电视背景墙的设计也是考验设计师能力和体现个性化的一个特殊空间。可见，电视背景墙设计的成功与否，直接关系到整个居住空间设计的成败。

　　本书正是从大家最关心的电视背景墙出发，主要内容包括现代家庭电视背景墙设计与装修所涉及的设计手法、设计风格、材料选择以及软装饰设计等，通过效果图和文字解析，一一呈现给读者，并在全书中穿插装饰细节小贴士，以便读者更好地掌握电视背景墙的设计要点。希望能够给读者一些专业设计知识，从而为自己和家人打造一个美观、实用、优雅、时尚的客厅电视背景墙，充分享受视听带给生活的乐趣。

　　本书以图文并茂的形式来进行内容的编排，形成以图片为主、文字为辅的读图性书籍。集知识性、实用性、可读性于一体，内容翔实生动、条理清晰分明，对即将装修和注重居室生活品质的读者具有较高的参考价值和实际的指导意义。

　　在本书的编写过程中，得到了很多专家、学者和同行以及辽宁科学技术出版社领导、编辑的大力支持，在此致以衷心的感谢！

　　由于作者水平有限，编写时间比较仓促，因此缺点和错误在所难免，我们由衷地希望各位读者批评并指正。

编者

2015 年春

目录 Contents

居室设计的灵魂是构思和创意。居室设计首先要从整体上根据家庭成员的职业特点、艺术爱好、人口组成、经济条件和娱乐活动主要方面做通盘考虑。

Chapter3　客厅电视背景墙的材料使用法则 /60

Chapter4　客厅电视背景墙的软装饰设计法则 /78

电视作为客厅的主体，其摆放的区域往往是视觉的焦点。此外，近年来电视向更大、更薄、更清晰方向迅速发展，其变化对客厅整体设计至关重要。

Chapter1 客厅电视背景墙设计说法

1. 基本原则

居室设计的灵魂是构思和创意。居室设计首先要从整体上根据家庭成员的职业特点、艺术爱好、人口组成、经济条件和娱乐活动等主要方面做通盘考虑。例如，富有时代气息的现代风格，还是体现文化内涵的传统风格；是返璞归真的自然风格，还是既具有历史延续性，又颇具人性化的后现代风格等，都需要做事前工作，即"意在笔先"。

设计 / 朱 涛

设计 / 石家庄尚•品设计工作室

▲ 为自己和家人打造一个个性鲜明、独具风格的电视背景墙。兼具美观、实用、优雅与时尚，尽情享受视听带给生活的乐趣。

设计 / 欧建书

设计 / 杨文辉

▲ 电视作为客厅的一个"主角"，电视背景墙不仅是具有展示功能的墙面，而且还会成为整个客厅设计和装修的"亮点"。

设计原则是整个设计过程中所应考虑的首要因素。因为设计师在对居室进行设计时不仅仅针对电视背景墙，而是整个居室，所以说设计构思与分析做得越详细，就越有把握满足主人所有的设计需求。因此，在进行电视背景墙设计之前，要掌握以下几个原则：

（1）充分考虑主人的需求。在设计过程中，最重要的因素是主人，不仅因为他们是住宅中的成员，而且，他们也是评判居室设计好坏的决定者。设计师在设计之初，应多花时间和主人沟通，得到的信息将作为设计的参考内容和依据。如居住者的生活习惯和品位，是否要求电视挂壁、背景墙是否需要储存功能等。

设计/吴 锐

▲ 小户型居室，电视背景墙兼具分隔空间与存储功能，美观而实用。

设计/吕海宁

▲ 淡雅舒适的日式风格，让人如沐春风，处处渗透着自然与淳朴。将窗格作为背景，古典元素的提炼与升华，实木材料的运用，使整个客厅清新自然。

设计/苏 越

设计/吕海宁

（2）简洁实用为宗旨。电视背景墙是人们视线经常经过的地方，是进门后视线的焦点，就像一个人的脸面，略施粉黛，便可以令人耳目一新，符合现代人的审美需求。

（3）功能目的要明确。电视背景墙，要起到背景和衬托的功能，其本身是用来装饰电视。主角是电视，而不是墙面，不能喧宾夺主。电视背景墙的设计要注意家居整体的搭配，需要和其他陈设配合与映衬，并且要考虑其位置的安排及灯光效果。

（4）要先确立整个空间的概念主题，在该主题指导下进行电视背景墙设计。确立整体风格的倾向，如中式、欧式、美式、田园等风格。

（5）在设计电视背景墙时，应同时兼顾室内其他立面、天花造型等，包括家具款式、颜色、工艺品、灯光都要具备整体感，使空间设计语言串联起来，而非"各自为政"。

（6）考虑设备需求。随着现代化生活的改变提高，电视背景墙设计中还要充分考虑插座线路、安全设备、视听音响系统、宽带连接、计算机多媒体和其他特殊设备等。

设计/金世纪装饰　丛启楠

▲ 无论是何种风格，首先要明确整个居室的设计主题，在该主题指导下进行电视背景墙设计，才会同其他空间氛围相互协调。

设计/曾成毕

设计/陈辉

设计/高求

◀ 背景墙设计可复杂、可简约，但要得到良好的效果，就不能凌乱复杂，也不能简单粗糙。恰到好处的设计，符合使用者的审美需求。

设计 / 尚津泉

设计 / 鞠成巍

◀ 雕花的使用越来越广泛，华丽的雕花，给整个房间带来极好的观赏效果。

设计 / 萧寒

设计 / 萧寒

▲ 笔直的线条、单纯的色彩，现代风格的电视背景墙，不需要太多的装饰，"少即是优"。

设计/卜 什

▶ 镂空的花板配合朦胧的灯光，富有层次的设计为电视背景墙增色不少。

设计/林锦峰

设计/戚 龙

设计/马 健

▲ 古典风格的提炼、书法图案的壁纸，中式风格浓浓的书香气息从电视背景墙及整体环境中油然而生。

镂空花板既起到了装饰作用，又很好地将客厅与走廊进行了
空间的过渡。

设计 / 柯与陈

设计 / 张 玲

设计 / 谢小龙

▲ 简洁的电视背景墙造型加上古典纹样的花格边框，古典与现代在这里交织。

▶ 抽象、生动的电视背景墙造型，让整个客厅充满现代感。既节省了造价，又具有个性。

设计 / 刘耀成

设计 / 吴献文

设计 / 桑春阳

设计 / 梵石设计

▲ 浓浓的中式风格，在国学回潮的背景下，被更多的主人所喜爱。不论是经典图案的应用，还是古典建筑构件的提炼，都为现代中式风格的构建增添了色彩。

2. 设计要点

墙总体的装饰原则是简洁、实用，不可喧宾夺主。

（1）电视背景墙的设计应和梁柱、隔断墙体、门窗洞结合起来考虑。由于结构的存在，对电视背景墙提出了设计要求，需要考虑梁与电视背景墙立面的关系、门洞或走廊与电视背景墙的关系、隔断与电视背景墙的关系等。这样一来，建筑结构和电视背景墙才会形成视觉空间层次，共同构筑一个立体的室内空间。

设计/金世纪装饰 马岩华

◀ 时尚的电视背景墙有着属于自己时代的品位，张扬的风格表达了主人拒绝平凡、追求自我的精神。年轻的人们，小资情结也是必不可少的。

设计/刘耀成

▶ 细节决定一切。电视背景墙装修时，重要的技巧在于细节的把握。其实一个家的温馨与否，从家居的细节处就能够完全看出来。

设计/李 楠

（2）要注意管线的布局。如果是壁挂电视，还应挖好预埋挂件的管道并考虑预留足够的插座，以防止电器没有电源插孔。

（3）如果将电视通过支架固定在背景墙上，电视固定支架的加固处理必须请教专业人员，提供电视机、支架等具体重量，经专业人员计算、测试后得出具体的加固方案。

（4）考虑电视背景墙对面家具的位置。比如，应该先确定沙发的位置，然后确定电视机的位置，再由电视机的大小确定电视背景墙的造型和大小、比例等。

（5）电视背景墙在施工的时候，应该把地砖或地板的厚度、踢脚线的高度考虑进去，以便使装修设计的各个元素协调统一。

设计/沙建磊

设计/要 强

▲ 欧式电视背景墙装饰趋于奢靡华贵，金属与玻璃材质恢宏大气，强烈的反光将居室映射得金碧辉煌。

设计/王立世

设计/丁 强

◀ 电视背景墙，是整个居室的焦点。拥有一面魅力非凡的电视背景墙，可以提升自己的家居装修效果。

（6）电视背景墙的设计，最终是为营造整个空间的效果，同时主人的兴趣爱好、文化修养，在整体设计上也要有所体现。

（7）电视背景墙一般与天花的吊顶造型相呼应。吊顶上一般都有灯光照明，所以要考虑电视背景墙造型与灯光相协调，还要考虑不要有强光照射电视屏幕，以免产生眩光，造成观看电视节目时眼睛疲劳。

设计/王 琴

▲ 对于电视背景墙，简约实用又不失气派是家居设计所追求的不变目标。谁说节省造价与良好效果不能兼得。

设计/石家庄尚·品设计工作室

设计/戚 龙

设计/吴献文

▲ 现代简约风格的电视背景墙，将生活的"极简"与"极精"糅合呈现于人们面前，尽享极简生活体验。

温馨小贴士

明确电视背景墙的设计地位

目前，电视背景墙设计已经走出了纯装饰的单调之路，为装饰而装饰不再是设计目标。在专业设计人员看来，借由电视背景墙在空间中所处的地位，进行透视、隔断、组合等的处理，因势利导以达到居室各空间融合，这正是电视背景墙设计与其他空间之间的关系所在。

设计/付佳兴

▶ 电视背景墙虽说是房间的焦点，但又是房间的一个部分。电视背景墙的色彩含蓄而典雅，既和周围墙面形成差异，又能不十分突兀。

设计/刘 云

设计 / 石伟岐

▲ 色彩跳跃的手绘电视背景墙，创意十足且造价低廉。非常适合资金有限的年轻人。

设计 / 宋建文

设计 / 田　丰

设计 / 贾峰云

◀ 喜好千差万别，弱化电视背景墙的设计是不是也是一种不错的选择呢？网络盛行的时代，电视的地位无可避免地被削弱了很多。

3. 尺寸确定

室内空间是由空间距离、进深、高度、面积等因素组成，电视背景墙作为视觉的焦点，它的面积大小和室内整个空间比例应协调，在设计中不能过大或过小，要考虑室内不同角度的视觉效果。在电视背景墙立面的处理上，主要注意以下一些问题：

（1）客厅的进深距离。客厅进深距离是指视线与荧屏之间的距离，也就是以我们坐在沙发上或躺在床上为起点，以显示器或者显示器的背景为终点之间的这一段距离。这段距离影响着电视墙设计的大小、比例、高低、体量、厚薄等几何尺寸。通常对设计而言，进深距离与电视背景墙设计的比例、大小、体量等关系成正比。

设计 / 梵石设计

设计 / 杨建国

◀ 电视柜的高、矮、大小、材质、色彩与电视背景墙的造型和谐统一，在实用中体现出对细节的重视。

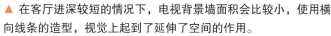

▲ 在客厅进深较短的情况下，电视背景墙面积会比较小，使用横向线条的造型，视觉上起到了延伸了空间的作用。

（2）空间的高度。空间高度是指室内地面到顶棚的距离和电视墙面的高度。这段距离同样也影响电视背景墙设计的大小、比例、高低、体量、厚薄等几何尺寸，还关系着电视背景墙立面与顶棚面造型的视觉效果，如何通过空间高度来弥补进深不足，或者让电视背景墙立面造型和顶棚造型相协调，值得推敲。

（3）背景墙墙面的宽高比。在很多设计里，宽度会大于高度，特别是荧屏的设计，所以在我们的视觉习惯里，宽度大于高度往往会觉得舒展、适宜。对于电视背景墙的设计应该尽量遵循这一规律。当然，如果设计的目的是因为顶棚过低（有的设计将房间里又加了一层，平层变成了跃层因而降低了层高）而想通过视觉设计调整层高，可以有意识地将电视背景墙的大小进行符合视觉规律的设计。例如，电视背景墙造型的宽度大于高度或者选择横条纹装饰会从水平面上延伸视觉，给人宽长、舒展的视觉效果。如果需要空间有高度感，可以让电视背景墙造型的高度大于宽度，或者选择竖条纹的装饰，从垂直高度上延伸视觉，增加空间的高度感。

▲ 欧式装修风格的客厅，追求的是奢华与大气，这就要求电视背景墙尽量地大一些，但也要根据户型进行合理组织。

设计/温永新

设计/星火设计

◀ 都市生活的快节奏里，让心灵在不是很大的电视背景墙面前卷入一次时尚旋风中，释放一天的疲惫与压力。

设计/景 尧

设计/冯文强

▲ 面积不大，但具有个性化和现代感的电视背景墙设计绝对是都市时尚达人的最爱！

设计/赵 广

设计/瑞家装饰 王志伟

◀ 住宅空间由梁柱、隔断墙体、门窗洞组成。因此，无论是打通还是分隔，电视背景墙的设计必须要考量这些因素。

设计/金世纪装饰 张朝亮

设计/金世纪装饰 鲁倍宁

▲ 在面积有限的条件下，将电视背景墙的设计范围一直扩伸到走廊区域，增加电视背景墙的大小是不错的选择。

温馨小贴士

控制好墙上的"疏"与"密"

　　要避免房间较小却将电视背景墙造型设计得过大，或者选择很鲜亮、刺眼的颜色作为电视背景墙；电视背景墙区域饰品的布置上，应尽量避免摆设或悬挂了许多装饰品，尽管装饰品之间本身很协调，但这种集中布置形成的"密"同房间其他墙面的摆设和悬挂品却未形成疏密间隔、相映成趣的节奏。

设计 / 杨荷英

设计 / 任 伟

▲ 大面积纯色的运用，局部白色组合电视柜，使这间卧室流露出一种时尚、年轻的感觉。

设计 / 张 强

设计 / 非 凡

▶ 雕饰缜密的电视背景墙，艺术气息浓郁的家具，一切的搭配在无序而用心的构建中趋向完美。

▲ 文化石的运用，表现出一种田园与现代结合的居室感觉，既温馨又淳朴。

设计 / 广州域度装饰设计有限公司

设计 / 栾春阳

4. 造型设计

　　造型是电视背景墙设计的关键所在，电视背景墙的造型设计可分为对称式（也称均衡式）、非对称式、复杂造型和简洁造型。

　　选择什么样的造型效果应该要与整个家居环境相融，因为电视背景墙只是整个居室的组成部分。在设计时，要考虑整个环境的风格和色彩，采用哪种造型更好看，达到既能满足现有功能，又能反映装修风格、烘托环境氛围等特点。

　　在电视背景墙的造型设计中，首先要确定电视背景墙的造型基调。在现实家居生活中，对称式一般给人比较规律、整齐、统一的感觉；非对称式一般比较灵活多变，个性化十足；复杂造型和简洁造型都要根据具体风格来定，以达到整体风格融合的效果才是最佳选择。一般来说，电视背景墙的造型元素都需要进行点、线、面的有机结合，这样既能达到突出电视背景墙的装饰效果，又能实现其符合整个家居环境的愿望。比较常用的造型元素有矩形、弧形、圆形、复合型、线形的、凹进的、突出的，而且形状大小不一、厚薄不等、样式繁多。在选择造型元素设计的时候，应根据室内空间及整体风格进行设计，采用统一或对比、呼应或点缀，以达到协调舒适的视觉效果为宜。如室内空间不大，造型风格理当追求简洁清爽、轻逸舒适的效果，那么电视背景墙的造型则不能采用过于厚重的几何形体，应适当考虑线形的或面形的几何形体。

设计 / 王灵宇

设计 / 戚龙

▲ 电视背景墙用烤漆玻璃和石材造型，将两种截然不同的质感很好地融合到一起，使整个家居环境既光亮，又自然。

◀ 该电视背景墙设计采用非对称式造型，将门一并考虑在整体造型中，丝毫没有突兀的感觉。

设计 / 张兴红

设计 / 王向华

设计 / 艺墅设计

▶ 拱形是欧式设计中常见的设计元素，弧线的设计总是让人心情愉悦。配合古典欧式线脚，成为整个电视背景墙的别致之处，墙面彩色花纹壁纸的运用更是点睛之笔。

设计 / 鞠成巍

设计 / 牛广亩

设计 / 王海兵

▲ 高低错落的搁板使整个电视背景墙的造型充满趣味感，又是十分实用的功能体现。

设计 / 王立世

设计 / 刘 洋

▶ 矩形是最能与主流户型相契合的基本形状。矩形成为整个电视背景墙的造型母题，将会产生一种现代、简约、大气的感觉。

设计 / 柯与陈

设计 / 常　禄

▲ 对称式电视背景墙的造型，给人比较规律、整齐、统一的感觉，符合大多数人的审美情趣。

设计 / 李丽娜

设计 / 石伟歧

▶ 非对称式电视背景墙的造型，一般比较灵活多变，感觉比较个性化，更适合寻求突破的年轻群体。

其次，协调电视荧屏的摆放和电视背景墙造型。目前家用电视荧屏种类主要有液晶电视、等离子电视、普通电视以及投影，这几类荧屏对于电视背景墙造型的设计影响很大。液晶、等离子电视的厚度非常薄，可以悬挂，也可以支架摆放，节约空间，相对来说比普通电视优越了许多。而普通电视则必须在整个造型中安置一个电视台，这个电视台可以是柜子，也可以是搁板，可依据电视的大小来决定。另一类是背投，这类电视高大，在显示器下面自带一个40 ~ 50cm 高的音箱柜。所以我们在设计的时候，必须根据荧屏的选择进行电视背景墙造型上的处理。

▲ 该电视背景墙受面积所限，因此基本以电视柜、搁板作为背景墙造型元素，突出了实用性。

◀ 液晶电视占据了电视背景墙造型的主体地位，结合玻璃雕花和其他造型的衬托，提高了整个房间的装修档次。

► 利用烤漆玻璃的横向线条设计，使电视背景墙在横向造型上增加了视觉宽度。

设计 / 王智杰

最后，还应该充分考虑顶棚造型与电视背景墙的关系。顶棚的造型和处理方法常常需要与电视背景墙立面的处理方法结合起来思考。目前的几种常见处理方法是：顶棚的造型延伸到墙立面，起到浑然一体的效果，并且能很好地连接两类不同的界面（墙立面和顶平面），适合于层高、中庭大的空间，这类延伸可以是造型的直接延伸，也可以是色彩的延伸，还可以是材质的延伸；另一种情况是顶面造型呼应墙立面的造型，几何形、材质都不一定要求一致，只需要呼应、协调，另外加上光源的辅助，可以起到衬托电视背景墙的效果。

设计 / 张思文

温馨小贴士

三个矩形区域

电视背景墙通常隐含三个矩形区域：电视中心区域矩形和两侧矩形区域，构成电视背景墙的整体。这三个矩形区域的分隔比例是电视背景墙方案设计的最重要的分隔。若按比例来推算的话，黄金分割比（1:1.618）是最美的比例。

面积分隔方案

如果比例较小的电视背景墙的面积分隔，推荐两种分隔方案：

■不做矩形分隔，因为长宽比例小，电视必然占据主要墙面，所以可以直接摆放电视和电视柜，墙面使用壁纸、涂料或墙绘等做整体色彩或画面调整就可以了。

■将电视中心区域分割为正方形，占据 60% ~ 70% 的面积，主次关系明确。

5. 照明设计

利用灯光照明来烘托电视背景墙的氛围是居室设计中非常重要的环节。在电视背景墙的照明设计上，一般传统上按种类分为筒灯、射灯、石英灯、斗胆灯、软管霓虹灯带、TC灯带。如果按光源特性又分为泛光源、面光源、点光源、区域光、线光源。射灯、石英灯属于点光源，点光源可以用于投射到墙上，局部照明某一处（如背景墙的壁龛、装饰挂画等）。斗胆灯从光源特性上也属于点光源，但是它的光源比射灯类效果更亮、区域更大、光源更柔和。然而由于它的温度高，照明热度大，所以此类灯更多用于空间大、室内层高的展厅产品照明（如许多家具展场便采用了此类灯）。斗胆灯的住宅室内效果必须要运用得当，否则效果相反。有这样一个例子，有个设计师在他负责装修的室内住宅使用斗胆灯很多，在卧室里采用此类灯作为主照明，层高只有2.8m，打开之后特别亮，温度也高，最后主人不得不更换了这些灯。

设计 / 曾成毕

设计 / 鞠成巍

▶ 射灯、石英灯属于点光源，点光源可以用于投射到墙上，不仅可以增强照度，还能够提升空间装饰氛围。

设计 / 陈华金

设计 / 金世纪装饰　张朝亮

▲ 壁灯照明属于辅助照明，但壁灯的装饰性在电视背景墙的设计中能起到画龙点睛的效果。

软管霓虹灯带、TC灯带属于线光源，采用了间接、反射照明，功能上属于辅助光，可以运用在电视背景墙的上部（如天棚的灯槽，作为天棚与电视墙的衔接），也可以用在电视背景墙的下方（如背景墙搁板下），另外还可以分布在电视背景墙的中部（如壁龛、造型等）。不论灯光怎么运用，只要得当，就可以达到丰富空间层次、营造室内氛围之目的。

近年来，智能LED灯光系统也逐渐走入家庭，运用于电视背景墙墙面设计中，可随心调节光环境。例如在大面积白墙上，做出如月球表面般的浅坑，并内置若干盏LED灯，手法简单，却能调节出宛如星空般的室内装饰效果。

▲ 灯带和筒灯照明结合使用，不仅可以增强电视背景墙装饰效果，还能丰富整个空间的层次感。

◀ 该电视背景墙采用线形光源，突出了整个室内设计的水平延伸感，动感十足。

值得一提的是，电视背景墙的灯光布置，不仅要以主要饰面的局部照明来处理，还应与该区域的顶面灯光协调考虑，尤其是灯泡都应尽量隐蔽为妥。电视背景墙的灯光不像餐厅经常需要明亮的光照，照度要求不高，且光线应避免直射电视、音箱和人的脸部。收看电视时，柔和的反射光作为基本的照明即可。

电视背景墙的灯光布置，不仅要以墙面的局部照明来处理，还应与该区域的顶面灯光统一设计。

设计/王立世

设计/梁醒辉

设计/李 杰

设计/温永新

如果电视背景墙上设计了博古架或搁板等装饰物，应该通过射灯进行局部照明，以加强对展示品的装饰效果。

温馨小贴士

用反光材料增强客厅采光

如果客厅光线不是太好，建议采用亮色调的烤漆玻璃或者烤漆板作为电视背景墙的饰面材料，不仅有增强采光的作用，看上去还极具现代气息。

设计/李 杰

▲ 灯光照明与凸凹有致的电视背景墙造型有机结合，营造出良好的肌理效果。

设计/沙建磊

设计/班跃明

设计/李忠良

▲ 等距的照明布置，与电视背景墙造型的等份分隔和谐统一。

设计/吕永庆

▲ 光源照射墙面材质产生丰富的层次变化，将电视背景墙完整的视觉效果勾勒出来。

设计/戚 龙

6. 色彩设计

色彩是最富表现力的艺术语言，它能引起人们不同的感觉和联想，产生不同的情感。在电视背景墙的设计中，必须首先考虑室内的空间效果，在室内形成一个色彩的主旋律，并在实际运用中根据设计对象的功能和审美需要加以灵活应用。

色彩不仅是创造视觉形式的主要媒介，同时兼有实际的功能作用。换句话说，色彩具有美学和实用的双重目标：一方面可以表现美感效果，另一方面可以加强环境效用。另外，由于主人的兴趣爱好、文化修养、职业特征、受教育程度不同，对于色彩的认识、理解和喜好也不尽相同。通过色彩，主人可以表达情感，同时也能用色彩寄托精神追求，表现一定的观念和信仰。因此，电视背景墙的色彩设计在室内装修中起着至关重要的作用。

设计 / 导火牛

▲ 活泼明快的电视背景墙色调，最好以单一色彩为背景，再搭配一些色彩鲜艳的摆设物品与手绘图案。这样既不失单调，又不纷杂，能给归家的主人以及来访的宾客以热情大方的感觉，尤其对小朋友会有意外的效果。

设计 / 导火牛

设计 / 东 子

▲ 以黑白构成为主墙色调，勾勒出时尚、现代的居室氛围。黑白搭配是永恒的经典。

设计 / 刘 洋

个性化色彩方案

对于追求个性的年轻人来说，将电视墙面涂成自己认为够酷够爽的色彩是不错的选择。橙色、天蓝色、紫色等"跳"一些的亮丽色彩，用色可大胆、巧妙，也可用两种对比强烈的色彩搭配。

在设计电视背景墙色彩时，应以其功能需求为前提。电视背景墙色彩主调的定位与要表现的主题，应该反映出室内背景色的性格。不同空间性质要求有不同的色彩与之相配套。同时要重视色彩的文化性和人的情感因素，以满足人们的心理情感和生理行为的需求。不同色彩的电视背景墙，创造的空间性格形象是不一样的。例如，黑、白、灰这样的无色系能表达静谧、严谨的气氛，同时也表达出简洁、明快、现代、高科技等风格；浅黄白、浅棕色等明度高的色彩，能够传达出清新自然的气息；艳丽跳跃的红色、橙色等色彩，则可以把豪爽热情的性格表现得淋漓尽致。

设计 / 许芳明

设计 / 李 明

◀ 一抹艳丽的红色，在主色调为浅色的电视背景墙上显得格外醒目。花费不多，却能成为设计的亮点所在。

设计 / 王 峰

设计 / 张 强

▲ 电视背景墙的色彩根据个人喜好，既可以是冷色，也可以是暖色。无论是哪种颜色，都不能过于花哨，要在和谐中产生变化，丰富整个空间的色彩层次。

从电视背景墙色彩设计的构成作用来看，色彩主调是背景墙的基本调子。它反映室内的冷暖、性格和气氛，起到统率和支配作用，所有非主调色彩均受其统调。因此，在电视背景墙色彩设计过程中，主色调的形成是一个十分重要的环节，决定着背景墙色彩的总体意图，是对丰富变化的色彩进行有序的、有规律的整合过程。主色调主要由色彩的三属性——色相、明度、纯度及面积大小的比例构成。面积与比例也是一个主要因素，它们是决定和体现电视背景墙色彩设计主色调的重要保证。在墙面色彩主调的基础上，加上其他可视物品如灯具、陈设艺术品、手绘墙画、装饰壁纸等的色彩对其呼应调和，形成有统一又有变化、有对比又有调和，营造特有气氛的色彩环境。

▲ 黑白灰的搭配，给整个客厅带来一股强烈的视觉冲击力和现代时尚气息。

设计 / 文 岩

设计 / 杨 明

另外，电视背景墙色彩的变化与统一、色彩的对比和谐度，始终是电视背景墙设计应遵循的设计原则。色彩可以统一划分成许多层次，色彩关系随着层次的减少而简化，随着层次的增加而复杂，不同层次之间的关系可以分别考虑为背景色和重点色。背景色常作为大面积的色彩，宜用灰调；重点色常作为小面积的色彩，在彩度、明度上比背景色要高。在色调统一的基础上可以采取加强色彩力量的办法，重复、韵律和对比强调电视背景墙某一部分的色彩效果。整个电视背景墙的趣味中心或视觉焦点，同样可以通过色彩的对比等方法来加强它的效果。通过色彩的重复、呼应、联系，可以加强色彩的韵律感和丰富感，使背景墙色彩达到多样统一，统一中有变化，不单调、不杂乱，色彩之间有主有从有中心，形成一个完整和谐的整体。

最后，电视背景墙的色彩还需要考虑室内光线、层高、设计风格和材质本身的固有色。而上述的色彩设计原则，只有与室内其他要素色彩对应和谐，才能达到预期的理想效果。

设计 / 李 康

◀ 由紫色壁纸铺就的电视背景墙，加上几抹暖色灯光的渲染，营造出高贵和典雅氛围。

设计/刘 云

设计/金世纪装饰　丛启楠

▲ 淡黄色的基调，永远是家居钟爱的色彩选择。简洁又跳跃，还有一种欢快感。

设计/刘 云

设计/厦门创家园设计装饰　林耀明

▲ 无论是横条纹还是竖条纹，都给人带来理性与动感兼具的视觉效果。

设计/顾 维

▲ 暖色系的电视背景墙营造出浪漫的地中海风情。

设计/杨璐帆

设计 / 池宗泽

◀ 电视背景墙采用了大面积深褐色和白色互相搭配的色彩设计手法，配合点射灯光等元素，尽显简约大气。

设计 / 代文强

设计 / 陈华金

设计 / 鞠成巍

▲ 纯净的白色糅入少许灰色的点缀，利用璀璨的光照构成一幅浪漫雅致的画面。

Chapter2　客厅电视背景墙设计风格

1. 欧式设计风格

　　欧式设计风格泛指欧洲地区特有的设计风格，是具有西方传统艺术文化特色的设计风格。欧式设计风格的电视背景墙其实就是借用了大量的欧式古典建筑元素，表达日常生活的细节，从而得到和生活在欧洲类同的感受。此风格继承了巴洛克风格豪华、动感、多变的视觉效果，也吸取了洛可可风格中唯美、律动的细节处理手法，颇受喜欢高品质生活人士的青睐。

　　欧式电视背景墙强调以华丽的装饰、浓烈的色彩、精美的造型，达到雍容华贵的装饰效果。欧式电视背景墙有的也不只是豪华大气，更多的是惬意和浪漫。比如，可以通过完美的曲线造型、精益求精的细节处理，带给家人不尽的舒适感，实际上"和谐"是欧式风格的最高境界。

设计 / 品川设计

设计 / 李倩倩

▲ 造型典雅、精致，浓厚的欧陆文化气息使其超越了"流行"的概念，而成为一种品位的象征与经典。

设计 / 董子涵

设计 / 郭岩波

▲ 背景墙以淡雅色彩为基色，采用经典的柱饰与线脚，提炼并遵循古典主义的精髓，延续了欧洲文化特质的审美原则。

设计 / 黄 林

▲ 暖色壁纸常被运用于欧式电视背景墙材料，作为一种自然光的延续，既体现了空间的开阔性，又表达了黄昏夕阳西下时家的温馨和归属感。

设计 / 薛文强

设计 / 刘建民

　　传统的欧式设计比较烦琐，而且造价较高，并不适合目前普通中国百姓的审美和使用需求，因此相对简化的欧式设计风格（俗称简欧），就更容易被大众接受。简欧电视背景墙不要求追求华丽的装饰，只要有一些欧式符号在里面就可以，尽量以美观、经济、实用为主，常会利用颜色、灯光、陈设等细节烘托背景墙的气氛。

　　欧式风格的电视背景墙包括三个主要方面：一是造型设计，例如柱式、壁炉、拱券等；二是家具摆布，例如展示架、电视柜等；三是陈设搭配，例如墙纸、灯具、壁画、油画等。另外，色彩、照明、材料等方面内容，同样需要认真考量和设计，方能营造出一个理想的欧式居室氛围。

▶ 电视背景墙在造型方面体现出线脚细腻、色彩柔和、崇尚华丽的欧式风格特征。

设计 / 丁 强

温馨小贴士

适量地使用金色和银色

　　在电视背景墙色彩中糅合适量的金色和银色，会使墙面色彩看起来明亮、大方，整个空间给人以开放、非凡的欧风气度。

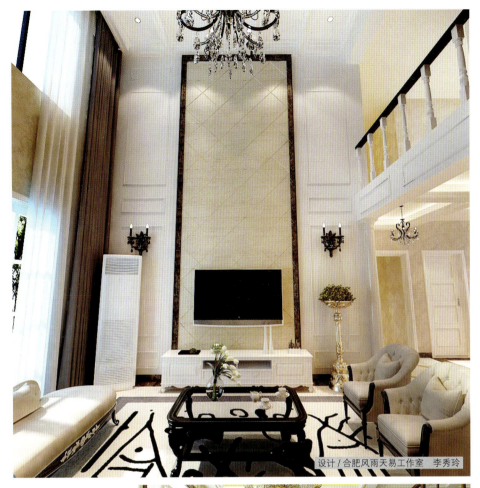

设计/合肥风雨天易工作室　李秀玲

▶ 华贵的电视背景墙壁纸和装饰性较强的柱饰与线脚，将整个客厅的典雅气质烘托得淋漓尽致。

设计/刘希升

设计/金世纪装饰　丛启楠

设计/李　楠

▲ 欧式风格的电视背景墙家具、灯具、瓷砖，不同的元素交织重合，构成了一幅富有幸福感的画面。

设计/金世纪装饰　王　烈

◀ 欧式拱券和柱式的造型，配合精美的壁灯，使整个电视背景墙华贵典雅。

设计/金世纪装饰　高丽丽

2. 中式设计风格

中式的居室设计风格源于以中国宫廷建筑为代表的古典建筑的室内装饰，它并非完全意义上的复古，而是通过中式风格的特征，表达对清雅含蓄、端庄厚重的东方精神境界的追求。

目前，中式风格的电视背景墙设计，更多地利用了后现代手法，把传统的结构形式通过重新整合设计，以另一种具有民族特色的标志符号出现，俗称新中式风格。它具有两方面的意义：一是中国传统风格文化意义在当前时代背景下的演绎；二是对中国当代文化充分理解基础上的重新设计。

设计/付佳兴

设计/金世纪装饰　博韬

◀ 中式设计风格的经典元素，被方案运用得自然得体、恰到好处。

◀ 中式背景墙造型元素，线条优美，表达出清雅含蓄、端庄厚重的风格特征。

设计/李章文

设计/王 鹃

新中式风格的电视背景墙不应该简单地将传统中式元素进行堆砌，而是要将现代元素和传统元素结合在一起，以现代人的审美需求来打造富有传统韵味的电视背景墙。所以它不呆滞也不死板，相反却精灵、生机，充满着东方的神韵与现代的活力，让传统艺术在当今社会得到全新的展现。

现代中式风格善于灵活运用中式设计元素，整体风格特点简洁实用，而又不乏美观；在选材和细节搭配上，也更自由、广泛，效果比传统中式风格更清爽，所以受到越来越多年轻人的追捧。

设计/常 禄

▲ 电视背景墙墙面装饰，与整个中式空间氛围十分和谐，富有端庄大气之感。

设计/敖陈记

温馨小贴士

局部重点照明不可少

合理的灯光照射，特别是局部重点照明的使用，会使墙上那些古典中式元素充满生命，照出一种温馨、浪漫的心情来。

设计/桑春阳

设计/梁醒辉

▲ 中式风格的电视背景墙，与中式电视柜构成一幅浑然一体的画面。

设计/李俊年

设计/许丽莉

◀ 电视背景墙上的花纹与图案和客厅里的中式隔断搭配得恰到好处。

▲ 浅黄色的瓷砖和实木电视柜组成一面低调奢华的电视背景墙。

3. 田园设计风格

　　田园风格又称为乡村风格，属于自然风格的一支，倡导"回归自然"，在美学上推崇"自然美"，力求表现悠闲、舒畅、自然的田园生活情趣。

　　田园风格的电视背景墙设计受到很多人的喜爱，原因在于在享受视听生活的同时，使主人可以感受舒适的自然环境，体现自在悠闲的感觉，表现出一种充满浪漫的向往。设计上讲求心灵的自然回归感，给人一种扑面而来的浓郁气息。田园风格倡导"回归自然"，认为只有崇尚自然、结合自然，才能在当今高科技快节奏的社会生活中获取生理和心理的平衡。

▶ 整个电视背景墙没有过多的造型装饰，碎花壁纸和造型简洁的搁物架体现了回归自然的田园风。

设计 / 广州域度装饰设计有限公司

▲ 电视背景墙的田园风格给人一种清新自然的愉悦心情，置身其中，如同漫步在蔚蓝的海边。

田园风格的电视背景墙在材料选择上多倾向于木材、石材、竹器等自然类材料，力求表现悠闲、舒畅、自然的田园生活情趣，体现室内环境的"原始化"，"返璞归真"的心态和氛围及乡村的自然特征。为了让电视背景墙使整个居室看起来其乐融融，还可以在配饰选材上多用一些舒适、柔性、温馨的材质组合，如碎花墙纸、手工纺织的麻织物、编织画等。

田园设计风格在配色上大胆而鲜艳，黄色、红色、蓝色的色彩搭配，可以显现丰沃、富足的大地景象。也可以用浅色搭配一些不太鲜艳的色彩，如米色、淡黄、浅灰绿、浅灰色等，效果优雅成熟，给人以含蓄内敛、从容淡雅的生活气息。

设计 / 段文娟

设计/蚊虫三

设计/蚊虫三

设计/刘 超

▲ 精致的陈设装饰融入淡雅的电视背景墙之中，充分体现设计师和主人所追求的一种安逸、舒适的生活氛围。

设计/付 靖

◀ 绿色系的运用，实木家具的组合，表现出悠闲、舒畅、自然的田园生活情趣。

乡村感觉也能 DIY

在电视背景墙上 DIY 几笔花草的彩绘图案，即可营造出家居的浪漫乡村风格。不管是否具有专业水准，都会为家庭生活增添一番情趣。

▲ 运用精致图案的壁纸，优雅而娴静的情调，突显着一种女性偏爱的特征，透露出一丝自然的气息。

▲ 墙面、地面的材质和用色朴素、恬静，体现岁月的沉积感。

▲ 美好的家庭生活要先从客厅开始，一起进入色彩打造的田园风的客厅吧！

设计 / 沙建磊

设计 / 段文娟

4. 美式设计风格

　　美式设计风格是在传承欧洲文化的基础上结合美国人的生活方式和文化特质演变至今而形成的独特的居室设计风格。因此，美式设计风格的电视背景墙糅合了英伦的庄重与优雅、欧罗巴的奢侈与贵气以及美洲大陆的原始不羁，自由自在、开放包容但又不忘继承不同优秀文化的历史根基和对原始自然的向往尊重。置身于此仿佛时光倒流，生活似乎也慢下来了，正符合当下浮躁氛围背后对宁静生活的心理需求。

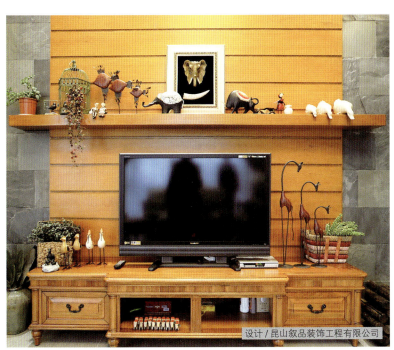

设计 / 昆山叙品装饰工程有限公司

设计 / 张海峰

▲ 坚实的实木家具、浓重的色彩与温暖的灯光和谐地融为一体，平易近人的气质油然而生。

▲ 背景墙用壁炉造型融合了毛石墙面打造了纯正美式风格，绝对是客厅中的画龙点睛之笔。

设计 / 金世纪装饰　鲁倍宁

设计 / 张怡宁

下面从三个方面，具体介绍美式风格电视背景墙的设计：

（1）造型。美式风格电视背景墙的设计中，线角的运用是造型要点。美式顶角线的侧切面一般为三角形，简洁明了，与多花纹和复杂线条的欧式风格不同。有时也会在顶角线与门套中间，增加一层壁纸腰线。常用的造型元素有：角线、拱形门、壁炉、大接缝砖墙等。

（2）色彩。从电视背景墙的整体色调上来分应该分为两大色系，第一是米黄、咖啡色系，第二是绿色色系，这两种色系在美式风格中用得非常多。家具的色彩，也要注意和居室内其他木作、石材色彩相协调。

（3）家具和陈设。电视柜、酒柜、五斗橱等实木家具的选择绝对是营造美式电视背景墙的重点。美式家具材料多选用几十年甚至上百年方可成材的珍贵木材，如桃花木、樱桃木、枫木和松木等。这些选材为家具进一步切割造型确立了良好的基础，家具表面或精心手绘或考究雕刻，从选材到设计浑然一体。当然，另一方面家具也会因此十分沉重，但可谓真材实料。此外，陈设品的选择以一些手工艺品、枝条编织物、手工油漆的木器、手工制作的铁艺为首选，还可以包括一些具有异域风情的根雕、石刻、贝壳等，或者镶在古典风格镜框中的老照片等在美式电视背景墙的营造里也都是很不错的选择。

设计 / 金世纪装饰　高丽丽

温馨小贴士

装修跟随家具

大多数消费者都是先装修、后买家具，而对于美式居室装修来说，最好先定家具，然后再根据家具特点来制订设计方案，这样才能使家具和居室的整体环境和谐统一。

◀ 在现代美式电视背景墙中，白色系的使用比较常见，纯净与高雅就此归属于你。

设计 / 鞠成巍

设计 / 李丽娜

▲ 美式田园式风格的电视背景墙，运用了雅致的壁纸与文化石，以及造型优美的圆拱造型。

设计 / 鸿艺源设计

▲ 古朴的墙面和家具让整间客厅充满了典雅华贵的感觉，配上造型别致的装饰品、灯具等，风格更加耐人寻味。

设计 / 鸿艺源设计

设计 / 付占东

设计 / 金世纪装饰　丛启楠

▲ 电视背景墙整体上采用暖色仿古砖与壁纸，渲染出美式风格的浑厚韵味。

5. 现代设计风格

现代简约设计风格的电视背景墙是指以现代、简洁的表现形式来满足对客厅视听功能的需求，体现现代生活快节奏和舒适实用的一种设计风格。它以表现时代特征为主，没有过分的装饰，一切从基本的使用功能出发，讲究造型比例适度，强调明快、简洁的直观感受。

设计 / 卢 康

设计 / 徐进超

▲ 点、线、面的穿插组合、对比搭配，配合灯光效果的烘托，使客厅整体和谐、雅致。

设计 / 鹏 利

设计 / 宋 毅

◀ 极简的造型不仅反映出主人的职业特征、生活品位，还为整个客厅营造了现代时尚的氛围。

温馨小贴士

小墙面尽量避免复杂图案

　　如果房间面积不大，应尽量避免在电视背景墙上使用满铺图案的造型，那样会在视觉上使房间显得更小。

　　（1）造型。很多人把现代简约风格误认为是"简单＋节约"，结果经常出现造型简陋、工艺简单的"伪简约"设计。其实就电视背景墙而言，现代风格非常讲究造型设计、材料运用和空间美学法则。一般背景墙墙面及顶棚和家具陈设，乃至灯具等均以简洁的造型、纯洁的质地、精细的工艺为主要特征。尽可能不用装饰和取消多余的东西，认为任何复杂的设计，没有实用价值的特殊装饰部件都会增加装修成本，强调形式应更多地服务于视听功能。

　　（2）色彩。现代设计风格的电视背景墙色彩通过强调本原色之间的对比协调来追求一种具有普遍意义的永恒艺术主题。常常通过大胆而灵活的跳跃色彩，在相对简约的墙面上展示个性，如运用苹果绿、深蓝、大红、纯黄、紫色等高纯度的对比色。装饰画、织物的融入对于整个电视背景墙的色彩效果也能起到点明主题的作用。

设计／黄 译

设计／侯学坤

　　◀ 家具与背景的直线运用，给整个空间增添了冷静的气氛，富有个性，让主人在居室中体验酷酷的心情。

▲ 浅色墙砖与理石与浅色地面相互映衬，简练中有着精致的设计感。

（3）材料。现代设计风格的电视背景墙在选材上自由灵活，不再局限于石材、木材、面砖等天然材料，而是将选择范围扩大到金属、玻璃、塑料以及合成材料等，力求表现出一种完全区别于传统装修风格的空间气氛。

（4）家具和陈设。以电视柜为代表的家具，应该强调功能性设计、线条简约流畅、色彩对比强烈。由于线条简单、装饰元素少，电视背景墙需要完美的现代风格家具配合，才能显示出美感。另外，现代设计风格的电视背景墙还反映在陈设配饰上的简约，要突出时尚个性和适用美观。

设计/金世纪装饰　张朝亮

► 单一色彩的底板，使光在空间中来去更为通透，却丝毫不显得轻浮。

设计/沈阳方林　刘宏亮

◀ 温暖的色调、柔和的灯光、精美的配饰给人温馨、舒适的感觉，营造出高品质的现代生活空间。

设计/刘晓会

设计/孙立尧

设计/谢 亮

设计/熊逸飞

▲ 纵横交错的直线造型，让整个电视背景墙的现代感自然流露。

设计 / 郭长周

设计 / 樊海鑫

◀ 灯光处理温馨明亮，瞬间就可以将心情释放。

设计 / 廉 旭

设计 / 刘 洋

▲ 电视背景墙整体色调素雅、冷静，搭配北欧风格家具，在和谐中体现出精致与实用。

6. 混搭设计风格

目前混搭设计风格的电视背景墙也颇受设计市场的青睐，它其实更像是一种实现个性主张的设计方法。这种电视背景墙的设计风格是指以居室中某种设计风格为主基调（多种风格中的主要风格），有机合理关联、搭配其他一种或多种风格的设计；将多种文化元素融合并置，以此达到分割、组合、优化、创造、丰富电视背景墙内涵的综合设计效果。此外，不同材料、不同色彩等设计元素都可以根据主人喜好进行合理地混搭。

混搭设计风格的特点是让电视背景墙整体充满活力、创意、个性，以及出人意料的独特和惊喜，然而虽然每一类风格元素都很鲜明跳跃，但整体是和谐而舒适的。混搭设计不是各自为政、互不相干，也不是各种风格元素的简单堆砌，重点是如何让它们相互补充和融合。

设计 / 付佳兴

设计 / 沈阳方林 刘广智

◀ 欧式壁纸、墙砖与欧式机柜在同一面电视背景墙里和谐共生着，不经意间完成了"古今合璧"。

设计 / 沈阳方林 刘广智

设计 / 赵 广

▲ 电视背景墙采用壁纸、玻璃等现代设计材料与其他空间的中西元素进行混搭，可以创造出奢华的居室氛围。

从目前电视背景墙设计的流行趋势上看，中式和西式混搭是主流，其次是现代与古典的混搭。需要注意的是在同一面墙上，无论是"传统与现代"，还是"中西合璧"，都要以一种风格为主基调，靠局部的调配变化增添空间的混搭氛围。混搭设计的电视背景墙应为居室总体锦上添花，而不要胡搭乱搭。

混搭设计风格的电视背景墙在造型上通常安排以某一种风格为主要母题，而其他风格的造型要素在不同性质的空间中零星或反复出现。围绕这个母题进行混搭，也就是说要有主有次、有轻有重。而且，不同风格之间的差异最好不要太大。而电视背景墙的色彩不一定要求墙面内所有的色彩必须协调统一，甚至出现三种以上的颜色亦很平常。色彩混搭得恰到好处，会满目明亮与朝气，甚至带着清爽的闲适风情，丝毫没有令人不适的凌乱感。

设计 / 寇佳男

设计 / 叶臻菲

◀ 纯正的牛皮也能出现在居室电视背景墙上，跨界混搭的魅力可见一斑！

设计 / 雷久东

设计 / 君悦设计工作室

▲ 白与黑的搭配，色彩对比强烈，带来视觉上的震撼！

掌握色彩"渗透"原则

各种物件在色彩上可以"你中有我，我中有你"，即"渗透"原则。在同一面电视背景墙上，这是非常"保险"的一种协调多种色彩的方式。

设计 / 尚津泉

设计 / 赵学平

▲ 不管中式还是欧式，与现代风格的混搭是经常采用的设计手段，但需要注意的是不可过多、过杂。

设计 / 欧建书

▲ 欧式家具与现代造型的墙面构成了时尚与古典的完美混搭。

设计 / 石家庄尚·品设计工作室

设计 / 田 丰

▶ 经过色彩处理的欧式家具与天花线条，融入现代风格的电视背景墙内。

设计 / 刘耀成

Chapter3　客厅电视背景墙的材料使用法则

1. 材料选择

　　随着人们物质生活日益改善，新一代的电视背景墙不再是只有单一的装饰性功能。由于电视背景墙由独特的环保新型材料设计构成，致使它今天的用途已能延伸到很多方面，比如吸音、降噪、环保等特性。面对市场上那么多的电视背景墙装饰材料，该如何选择？所以，应该从电视背景墙材料的自身特性（色彩、质感、肌理等）以及引发的其他属性（心理影响、生理影响等），进行综合定位和考量，成为材料选择的必然途径。

设计 / 熊龙灯

设计 / 贾峰云

▲ 理石墙面成为一股设计潮流，颜色淡雅自然，形成天然厚重的感觉。

设计 / 侯志新

▲ 该背景墙以木质饰面为主要装饰手段，用白钢条与镜子进行包边与搭配，体现出极强的现代感。

设计 / 要　强

电视背景墙材料从通常最实用和最被看重的角度——质感上，可以分为硬质材料（石材、金属、木材等）和软质材料（软木、乳胶漆、硅藻泥、壁纸等）。每种材料的不同形态、质地、色彩、纹理对不同人的心理、生理产生的影响也不同，不同材料构造的背景墙效果也会不同。例如，冷灰色的石材、板岩或者乳胶漆会让人有一种静谧、深远之感，于是电视背景墙会在视觉上向后退；墙纸、纤维板或者木质材料会给人温馨、典雅的视觉效果，给人一种光亮十足、神采奕奕的生活状态；不锈钢、透明玻璃这些冰冷、透明、反射性强的材料现代、时尚，营造的空间效果有一种空透、丰富的视觉效果，不过这类材料要搭配得当，否则适得其反，会给人一种极其不安的心理效果。

电视背景墙材料的色彩大多以宁静、平和的中性浅色为主要基调，这样既能使空间气氛明朗舒展，以利于衬托视听家具的摆设；又能在统一协调中显示出富有变化的艺术效果。另外，在选择电视背景墙材料时，还应充分考虑协调周围窗户、窗帘、踢脚板等空间元素的装饰问题，使电视背景墙同室内其他界面协调、统一，在视觉上构成一幅立体画面。

▲ 以烤漆玻璃作为整个电视背景墙的设计主题，配以白钢封边，风格统一，现代感十足。

设计 / 章子钧

设计 / 刘 闻

温馨小贴士

材料的"两面性"

装饰材料在电视背景墙设计中的功用具有两面性，即正面积极的作用和负面消极的影响，如在人工合成材料中添加对人体有害的挥发性气体、各种石材具有的放射性等造成室内污染，危害身体健康。

设计 / 薛文强

▶ 壁布的运用，淡雅自然，与整个房间和谐地融合在一起。

设计 / 刘 云

设计/黄岩

设计/沈阳实创装饰

▲ 这面电视背景墙是石英壁布的质感加上白色乳胶漆的效果。

设计/何炳文

设计/张强

▶ 乳胶漆墙面，调制出任何你喜欢的颜色，经济又漂亮，为什么不这样呢！

2. 壁纸

壁纸具有实用性、装饰性、柔软性、可塑性、色彩的可变性及与环境风格的协调性等特点。其种类很多，用途也很广泛。目前设计市场上比较流行的主要有胶面纸基壁纸、纺织物壁纸、天然材料壁纸、荧光壁纸等。

壁纸造价较低，选择余地较大，而且个性极强很容易出效果，所以为了突出电视背景墙的视觉冲击，区别与传统乳胶漆的装饰效果，我们可以使用温馨浪漫的壁纸，而市场上的中式、韩式、欧式风格的壁纸、壁布多种多样，深色、浅色自由搭配，细腻、粗糙各种质感交相辉映，效果温馨。另外，利用壁纸做背景墙材料可以随季节和心情的变化选择自己喜欢的颜色和图案，让整个房间灵活变样。

在贴壁纸时，可能会遇到一些问题，比如电视背景墙需要做造型，这个时候墙面就会被切断，整面墙铺贴壁纸就很难保证完整。此时可以考虑采用壁纸组合铺贴的办法，运用壁纸腰线等修饰墙面缺陷。组合铺贴壁纸的方式适合被强行分区的背景墙，同样适合完整的背景墙，选择同一色系不同花纹的壁纸，或者将花纹壁纸和纯色壁纸组合，再配上风格鲜明的壁纸腰线，效果会非常不错。

设计 / 杨荷英

设计 / 王　峰

◀ 色调温暖的壁纸能够通过电视背景墙，传递出舒适、恬静的家庭气氛。

设计 / 高　明

设计 / 张思文

▲ 用几米的抽象图案画作为电视背景墙的壁纸图案，充满想象力，也让整个客厅荡漾在青春的浪漫氛围中。

设计 / 樊海鑫

▲ 电视背景墙采用光亮的壁纸，华丽的质感选择也很好地服务于整体设计，统一和谐。

设计 / 非　凡

设计 / 陈经华

设计 / 金世纪装饰　戚纹光

▶ 砖纹图案的壁纸达到了仿真的效果，为客厅增添了许多文化气息。

设计 / 公方宇

◀ 深浅相间的花纹壁纸在视觉上使房间更加温馨与含蓄。

设计 / 孟红光

温馨小贴士

不建议选择的材料

家庭装修最好不要使用 PVC 壁纸，因为含有一定的化学成分，长时间在其空间内容易出现不适感觉；而金属壁纸不建议大面积使用，小部分点缀即可。

设计 / 刘晓会

▲ 华贵的背景墙壁纸和装饰性较强的画框将整个客厅的典雅气质烘托得淋漓尽致。

设计 / 沙建磊

设计/王 峰

设计/石家庄尚·品设计工作室

◀ 别致的镜面造型、花纹壁纸、时尚的电视柜，展现主人与众不同的审美。

设计/王立世

设计/萧 寒

▲ 暖色基调搭配浅色碎花壁纸，给人温馨、浪漫的感觉。

3. 反光材料

当前，有些材质的电视背景墙装饰材料可以起到很好的发光和反射的效果，让原本不太明亮的客厅顿时明亮起来。这些材料最常见的是玻璃、金属、抛光墙砖等，它们的折射率并不是很高，朦朦胧胧的光感就能让一点阳光变成整间客厅温暖的来源，在几处关键的装饰部位加上灯光渲染，即使不是非常明亮，这种带有镜面效果的墙面装饰材料也能让客厅蓬荜生辉。通过前卫时尚的反光元素营造客厅的"亮点"空间，也是目前电视背景墙的流行趋势。

比如玻璃材质，可以是本色的玻璃，也可以是压花、烤漆和彩绘，既美观大方，又防潮、防霉、耐热，还易于清洁和打理，而且，这类材质的选用，多数结合室内家具共同塑造客厅的氛围。而金属作为装饰材料以其高贵华丽、经久耐用而优于其他各类饰材。作为装饰材料的金属，常用的有铝、不锈钢、铁、铜等。尤其是不锈钢，以金属光泽与质感为重要特征。经过不同的表面加工可形成不同的光泽度和反射性，成为电视背景墙的趣味中心。不锈钢及其饰材以其动人的光泽和现代感成为电视背景墙装饰材料中不可缺少的一种经久耐用的材料。另一种反光材料——铁艺制品，古朴典雅，充满欧陆风情，它将欧式生活的浪漫与传统艺术的淳朴高雅融为一体，成为电视背景墙装饰中的视觉中心。

设计/陈 斌

设计/谭 磊

▲ 近年压花烤漆玻璃以其光洁的质感、细腻丰富的图案，逐渐成为电视背景墙的主要选材，功能性与形式感兼顾得非常得体。

设计/朱 涛

设计/魏 戡

◀ 欧式经典图案在该玻璃背景墙上不断地被重复使用，为客厅营造出低调奢华的空间感。

设计/易 俗

设计/鞠成巍

▲ 该电视背景墙采用菱形斜拼的浅茶色玻璃造型，简洁而不失装饰感。

设计/刘建民

设计/朱 涛

◀ 条状的茶镜和白钢条都属于反光材料，同时穿插于同一面电视背景墙上，时尚感顿时流露出来。

◄ 电视背景墙的镜面采用的植物图案是现代欧式装饰手法的体现，有一种尊贵奢华的感觉。

设计 / 富金山

设计 / 张洪超

设计 / 易 俗

▲ 电视周围采用黑色矩形镜面装饰，从造型和色彩上集合了视觉中心点。

设计 / 孙朋辉

烤漆玻璃赋予了空间张力和延展度，配合暗藏的灯光效果，为居室加强了光感。

设计 / 刘晓会

设计 / 刘晓会

设计 / 刘希升

设计 / 吴献文

彩色烤漆玻璃，耐腐蚀、不褪色，组合变化的可能性非常多。

4. 石材

　　石材作为电视背景墙的装饰材料已有很长的历史。它具有天然纹路和肌理效果，分为天然石材和人造石材两种。天然石材就是指从天然开采的石材经过打磨、拼花，在电视背景墙上进行装饰主要有大理石、花岗岩、青石、岩板等。人造石材以其强度大、装饰性好、耐腐蚀、耐污染、便于施工、价格便宜等优点也得到了广泛应用。

　　天然石材的纹理千变万化、色彩自然。经过加工就成了高档的电视背景墙装饰材料，装饰效果极强，常见于高端设计中。从装饰效果上看，它可以烘托出视听产品的金属精致感，形成一种强烈的质感对比，十分富有现代感，再在旁边设置两个橱架，摆放主人心爱的艺术品，点缀其间，体现主人的高雅气质。文化石作为经常使用的石材，多数是天然石头加工而成，但也有人造文化石，它也具有古朴的质感和自然原始风貌的特点，可以达到吸音、环保的功效。在简约、自然的客厅，用文化石点缀显得别具一格。近来，纹理质朴的砂岩石和洞石也颇受青睐。

　　生活在嘈杂的大城市中，越来越多的人向往平静而惬意的田园生活，所以简约、自然的家居风格受到很多人的青睐。那么，选用一些朴实、天然的石材，能让整个家有一种轻松自然的感觉，电视背景墙作为体现客厅风格的重要元素之一，选用具有天然纹理的石材，可达到非常理想的效果。

◀ 电视背景墙选用的米色洞石，也是建筑大师贝聿铭喜欢使用的设计素材。

设计 / 郭为成

设计 / 史鸿伟　彭　征

设计 / 侯学坤

设计 / 欧建书

◀ 大面积使用爵士白大理石的电视背景墙，显得高贵典雅。

设计 / 李倩倩

设计 / 宋德旭

▲ 色调明快的墙砖做电视背景墙，可以让人感觉踏实而厚重。

设计 / 张兆阳

▲ 该电视背景墙主体采用色彩稳重的石材，并且可以暗藏灯光，使整个设计充满了个性，让人过目不忘。

设计 / 尹　磊

设计 / 王招贤

▲ 从整体到细节，俊朗的直线、矩形构图无处不在，给人一种时尚简约的感觉。

设计 / 王　琴

设计 / 刘　闯

设计 / 许芳明

▲ 整个电视背景墙的石材贴面和两侧极具个性的装饰烤漆玻璃形成了强烈的反差，鲜明又细腻地表达了对生活品位的个性追求。

5. 木材

现在，越来越多的人提倡环保无污染，而天然木材就变成热爱自然的人们首要选择。木材质轻，有较强的弹性和韧性，没有或者含有极少的有害物质，未经污染只需要简单加工，特别是木材的天然纹理，温暖的视觉和触觉感受，是其他装饰材料无法比拟的。木材在电视背景墙的设计中应用非常广泛，比如背景造型、背景展示柜、装饰木搁板等，集装饰、收纳、展示为一体，都可用到木材饰面板。

木材用于电视背景墙的装饰时，主要从光泽、质地、纹样、质感这四个方面来考虑，虽然不同树种的木材有不同的质地和纹理，但总的来说，给人以温馨亲切和自然朴实的感觉，木材有自然大方和较适宜的装饰特性。最多的设计手法是将木板材的漆面做成开放漆，不论清油或者是混油，出来的效果都非常好。目前，"原木艺术"正流行于电视背景墙的设计潮流中，原木艺术是由保留着表皮的自然植物制作而成，所以既淳朴自然又具现代美感，它的质感、肌理、色泽传达了一种亲切、乡土、浪漫气息。"原木艺术"，是一种把艺术感与环保意识相融合的设计方式。而经过现代加工工艺生产的木材线条流畅、色泽鲜艳，表现了一种充满规则、秩序、技术的现代美感。

总之，要想充分地利用木材，只有熟悉木材的装饰特性，在艺术上创造性地发挥木材的自然潜能，才能营造品质优良的现代室内空间环境。

设计/张 强

设计/刘 洋

▲ 将淡雅的复合地板满铺在电视背景墙上，创意特别，不经意间营造出现代时尚的感觉。

设计/高 明

设计/赵 伟

▲ 中式设计风格的电视背景墙，离不开经典的木作造型。

设计 / 吕海宁

◄ 整体背景墙色调沉稳、端庄，木纹与周围材质形成对比，体现了材质变化的美。

设计 / 沙建磊

设计 / 柯与陈

设计 / 李芝强

▲ 该电视背景墙用枫木饰面板简洁地进行了等距分割，同悬空的电视柜共同营造出经典的现代北欧风格。

◀ 简洁的造型，恰当的比例，木质饰面处理，为这间客厅注入盎然生机。

设计 / 李芝强

设计 / 杨荷英

设计 / 戚 龙

设计 / 星火设计

▲ 白色木质的组合柜构成电视背景墙的主体，简洁实用。

设计/毛　磊

设计/梵石设计

▲ 风格统一的家具和木作电视背景墙增加了客厅的规律感和协调性，大气中显现出华丽与精美。

Chapter4　客厅电视背景墙的软装饰设计法则

1. 家具

　　家具在室内的占地面积，一般可达到30%～45%。因此，针对电视背景墙而言，电视柜、组合视听柜、书柜或书架、背景墙搁板、储物柜等家具，是电视背景墙设计与装修中非常重要的一部分。可以说，电视背景墙的每一个细节，都无不与家具密切相关。特别大件家具，如电视柜、组合视听柜的风格特色、尺寸造型，都将决定整体电视背景墙的基本调性、空间造型。故而近年来，先选家具，再制订电视背景墙的设计方案已成为一股时尚。

设计 / 闵　工

设计 / 江新启

▲ 用造型独特的电视柜来打造电视背景墙也是非常的合适，完全无须另外去进行造型设计，电视柜就已经是件艺术品。

设计 / 唐宏敏

设计 / 姜　鑫

◀ 电视柜与展柜造型会让人感觉到来自设计的无穷魅力，不仅有美观的作用，而且非常的实用，也兼具展示功能。

在选购电视背景墙家具的时候，可以参考以下三项原则：

（1）实用性与装饰性相统一。现代视听生活需要的是舒适、轻便、实用、轻巧、多功能或组合式的背景墙家具。尤其从目前国内的实际生活水平来看，选择实用性与装饰性强的家具更为合适。讲实用就是要把实用性摆在第一位，使配置的家具合理、耐用并能巧用、多用。如把电视机放在组合柜上，并以此为中心布置一套书柜或储藏柜，可以节约不少空间面积，无疑是实用、合理的。

（2）明确家具的风格定位。电视背景墙的家具种类很多，有的豪华富丽，有的端庄典雅，有的奇特新颖，有的则具有浓郁的乡土气息，具体风格可分为：现代家具、后现代家具、欧式家具、美式家具、中式家具、新古典家具、日式家具、简约家具、田园家具。面对琳琅满目的家具风格，有的人认为应该先把电视背景墙风格这个"大头"定下来，后面的家具就照这个风格选购。但实际上，也有很多人选择先定家具风格，效果也很不错。你可以不急着买，但你要知道自己想要什么风格的家具。只有当你定下哪种家具风格后，你才会发现原来自己是喜欢这样风格的电视背景墙，电视背景墙的设计也自然水到渠成。那么假若你在设计电视背景墙前没有定下家具的风格，现在你只有一个选择：跟着电视背景墙的风格买家具。这样一来，选定家具风格也不是件困难的事情。

设计 / 杨岭峰

◀ 用储物柜来打造电视背景墙，非常节约空间，比专门打造个电视背景墙要划算很多。

（3）家具色彩要与客厅总体色彩协调。家具自身的色彩是构成居室色彩的重要部分，对客厅及电视背景墙的装饰效果起着决定性的作用。家具的色彩应与墙面、地面，还有沙发、窗帘等色彩相协调，另外还应与主人的性格、爱好、年龄相符。浅黄色、木色家具充满青春活力，这与青年人蓬勃向上的进取心相一致，因此特别受青年人喜爱。而对于老年人，他们常怀念于逝去的岁月，总希望在居室内看到或回想到自己所走过的岁月留下的痕迹，因此他们更喜欢深色家具，特别是古典红木家具。

温馨小贴士

考虑家具尺寸

电视背景墙家具的平面、立面尺寸要和背景墙设计的面积、高度相吻合，以免所购家具放不下，或破坏了已构思好的设计造型。

设计 / 金世纪装饰 鲁倍宁

设计 / 胡文波

▲ 错落的阶梯造型，使电视柜呈现出活泼的动感、相同的层次结构，令人联想到积木组合，整齐有致、趣味横生。

设计 / 杨 飞

设计 / 刘 洋

▶ 灵活的搭配、简洁的造型，可以让客厅得到空间上的扩展，同时还能成为空间中的亮点。

设计 / 孟红光

设计 / 郑泽波

设计 / 王智杰

▲ 无论是中式还是欧式，电视背景墙家具都要体现出高雅自然、端庄大方的特点。

设计 / 戚 龙

设计 / 常 禄

▲ 浅色家具和背景墙的深色壁纸形成强烈的视觉冲击力。

设计 / 在水一方

设计 / 柯与陈

▲ 浅色调背景色与亚光木色、亮黑色的经典搭配。

2. 壁挂饰品

可以作为电视背景墙的壁挂饰品种类很多，例如各类书法、绘画、钟表、照片、壁挂、镜饰、工艺品等。选用什么样的壁挂饰品，要根据电视背景墙的不同设计风格、墙面大小、经济条件、文化素养和个人爱好等不同因素而定。一般说来，在选择安排挂饰时要注意以下四项原则：

（1）风格要与电视背景墙相配。一般来说，传统中式格调的电视背景墙宜配挂中国字画和古朴典雅、韵味悠长、艺术气氛浓厚的传统工艺画（如竹编画、木刻画等）；西式格调的电视背景墙则宜选用油画、版画或大型彩色摄影作品来装饰；现代风格的电视背景墙则适合选用现代派抽象画、装饰画及水彩画布置。

设计 / 戚 龙

设计 / 张思文

▲ 黑白边小挂画，时尚美观，为几何形式感强烈的电视背景墙增添了些许现代气息。

设计 / 金世纪装饰　丛启楠

设计 / 逸品原宿设计

▲ 装饰画合理布局于电视背景墙，或对称或特异，都能为电视背景墙增添不少生活气息。

（2）要与电视背景墙整体色彩相配。壁挂饰品色彩的选择可选择与电视背景墙整体色彩属同一色系的，使整个墙面效果协调统一；也可以使用少量的对比色，如挂饰本身仅起点缀作用，并不需要细细观看，所以可选对比强烈、色彩艳丽些的作品，以改善墙面色彩的深沉感。若挂饰本身有观赏价值，特别是那些黑白分明的书画（指的是不加框的书画），就不宜挂在白色的电视背景墙上。

（3）要显示主人个性特点。选择挂饰无论种类、形式都要符合主人的职业与身份，体现主人的爱好与修养。例如，在电视背景墙挂上松、梅、竹、菊的国画或以古诗词为内容的书法能很好地表现出主人的艺术修养；新婚房的电视背景墙选用同心结工艺品可表达夫妻恩爱、永浴爱河的意愿。

设计 / 柯与陈

设计 / 柯与陈

▲ 金属装饰品让电视背景墙的艺术效果得到了提升。

设计 / 赵 广

设计 / 李芝强

▶ 陈设一些旅游纪念品或陶瓷艺术品，会使电视背景墙显得文化气息浓厚，同时在欣赏中获得艺术的熏陶。

（4）要根据电视背景墙大小有所选择。若电视背景墙面积较小，可选风景画以增加室内的空间感，使客厅感到敞亮延伸。小面积电视背景墙上布置字画应将小幅书法装入深色的镜框内再悬挂，则小中见大、玲珑剔透。电视背景墙较空时可悬挂一幅尺寸较大的挂饰，或一组排列有序的小尺寸美术作品。

设计 / 于 乐

设计 / 朱 涛

▲ 壁灯不仅能够起到照明作用，同时也是很好的装饰品。

设计 / 杨荷英

◀ 电视背景墙上的挂镜，对其大小、造型、边框的材质以及色彩都要仔细挑选，使之与周围环境在风格上达到统一，在色调上取得协调。

设计 / 郭志刚

壁挂的讲究

电视背景墙上的壁挂饰品不可过多，否则显得凌乱；悬挂的位置更需推敲，应把它视为墙面构图要素来考虑。

▶ 珠帘映衬的电视背景墙，给人缥缈、浪漫的感觉。

设计/吴 锐

设计/金 沙

设计 / 张思文

设计 / 李志荣

▶ 电视柜上的小雕塑与小花瓶，为电视背景墙增添了一分情趣。

设计 / 代文强

设计 / 张 强

▲ 漂亮的干枝与干花，是电视背景墙上最好的装饰品。

3. 手绘

当涂鸦风靡全球，成为一种时尚的时候，这股风潮开始席卷家居领域，现在墙绘开始在家居装饰中频频上演，尤其是电视背景墙成为墙绘的主要平台。手绘让背景墙不再拘泥于某一种整体风格，它的表现方式多种多样。手绘电视背景墙在居室设计中犹如一股春风，以其独特的绘画形式，其装饰美感的不可替代性，迅速受到了年轻人追捧，在中年人群中也很受欢迎。无论是装修新房，还是翻新装饰现有住房，都是一种很实用的装饰手段。

手绘电视背景墙主要用的是丙烯颜料，没有甲醛等毒性挥发性物质，对人体无害，而且颜色鲜艳明快，丙烯胶膜干后近似橡胶，从理论上讲永远不会脆化，也不会变黄，只要不故意破坏，一般是没有老化问题的。彩色乳胶漆也是墙画不错的选择，可以根据装修设计师和画师的要求，提供色彩精准的彩漆，给主人提供多种颜色选择和极大方便。另外手绘墙画还可以辅助使用油画颜料、水粉和水彩颜料、油漆等。

▶ 手绘让电视背景墙不再拘泥于某一种整体风格，它的表现方式多种多样。

设计/李丽娜

设计/林文通

设计/徐进超

设计/陈华金

▲ 手绘电视背景墙给家居生活带来了美好寓意。

手绘作品的每一笔、每一种色彩都是有个性的，在墙面上绘出的生动画面，犹如将一幅幅流动的风景定格在墙壁上。画师一般会在绘画前根据房间的整体风格、色调来选择尺寸、图案、颜色及造型。为避免出现题材雷同、图案重复的问题，画师会根据不同的家居风格设计不同的图案，以保证每面电视背景墙的独特性。目前手绘电视背景墙，按照绘画题材的不同主要可分为四类：

（1）植物藤蔓类。用手绘出的植物图案恐怕是近年最流行的墙面手绘图案了。这种风格强调用装饰性较强的颜色和线条来表现植物藤蔓。画面上则讲究层次感、飘逸性，略带女性的娇柔。

（2）卡通动漫类。在许多电视背景墙上，可爱的动物和几米风格漫画会成为手绘摹本。一棵"随风"飘动的大树，一对依偎的背影，两只展翅的蝴蝶，乃至几滴略带伤感的雨滴都可以登堂入室，给家中带来不一样的风情。这种风格多用线条勾勒出男女主角的形象，以朴素而略带情感的绘画来表现浪漫情调，颜色以浅色为主。

（3）油画效果写实类。这种题材的电视背景墙，强调一种大气的感觉，用写实的人像绘画和复杂的背景展现创意，将空间融入感觉之中，传递欧式奢华。

（4）中式山水花鸟类。随着国人生活水平和艺术修养的提高，中式传统绘画元素也被运用到墙绘上来。一般多使用黑色、红色、金色来绘制有吉祥含义的纹样，或是国画中经常表现的图案，可以成为整个中式电视背景墙的亮点。

▲ 在墙面上绘出的生动画面，犹如将一幅幅流动的风景定格在墙壁上。

设计 / 杨乐乐

手绘电视背景墙不但具有很好的装饰效果，也体现了主人的时尚品位与个性。在今后很长的时间内，会成为室内设计的一个重要手段。

设计 / 戚 龙

设计 / 李文斌

▲ 从电视背景墙的一角蜿蜒而出植物藤蔓图案，成为整个墙面唯一的装饰细节，简洁却不乏浪漫。

设计 / 彭 彪

▲ 用细腻的线条勾勒出几米植物纹样，以朴素而略带情感的绘画来表现家庭成员的浪漫情调。

设计 / 黄群飞

设计 / 邢 宇

设计 / 刘晓会

▲ 手绘壁画的色彩很好地与电视背景墙的色调相协调，起到画龙点睛的作用。

4. 绿化装饰

　　电视背景墙区域的绿化装饰是居室环境设计中不可分割的组成部分，是提高室内环境质量、满足人们生理和心理需求不可缺少的因素，对于电视背景墙设计的作用是多方面的。

　　首先，利用电视背景墙点缀绿化装饰是净化室内空气的有效方法之一。据有关资料介绍，许多植物具有去除有害气体的能力，如吊兰吸收空气中有毒化学物质的能力最强，其效果甚至超过了空气净化器。有些植物还可以释放香气，给大脑皮层以良好的刺激，使疲劳的神经在紧张的工作和思考之后，得以宽松和消除疲劳，使人轻松愉快。

设计 / 何炳文

▲ 电视背景墙角、窗边放置巴西铁、鸭脚木等绿色植物，可以营造出生机盎然的氛围，令人精神振奋。

设计 / 石伟歧

设计 / 谢　亮

设计 / 黄　岩

▲ 不必贵重与稀有，一盆普通的盆栽就非常适合该电视背景墙的中式设计风格。

此外，植物装饰还可以组织电视背景墙造型，分隔和限定墙面，起到构图、引导的作用。将绿化引入背景墙，使客厅兼有自然界外部空间韵味，有利于内外空间的过渡，同时还能借助绿化，使室内外景色互相渗透，扩大室内空间感。

另外，绿化装饰最重要的作用不仅在于美化、改善环境的作用，而且还能对人的精神和心理起到良好的作用。植物的形状、高矮、色彩会产生变化，使人赏心悦目，陶冶人的情操，净化人的心灵。利用有蓬勃生命力的植物美化与装饰电视背景墙，是其他任何装饰物都不能代替的。

温馨小贴士

小心有毒植物

要提醒花友们的是，滴水观音茎内的汁液有毒，滴下的水也是有毒的，误碰或误食其汁液，就会引起咽部和口部的不适，胃里有灼痛感。

▶ 植物还具有丰富的内涵，叶色深绿，叶型开阔，体现自由、豪迈之气。

设计 / 曾成毕

设计 / 高 明

设计 / 池宗泽

▲ 将绿化引入背景墙，使客厅兼有自然界外部空间韵味，使室内外景色互相渗透，扩大室内空间感。

设计 / 王招贤

客厅是接待宾客来访及家人聚集活动的地方，因此，绿化装饰在总体上也应该体现典雅大方、热情好客的格调。电视背景墙的绿化须达到布局协调、比例适度、色彩和谐的目的，基本手法可分为：摆放式、垂吊式、壁挂式、镶嵌式、攀缘式等。要根据电视背景墙墙面、家具的造型、色调和风格，适宜地选择一些观赏价值较高、颜色浓绿、花姿优美、色彩鲜艳的植物，或配以组合盆栽小品或盆景。比如，宽敞的客厅可以在墙角处摆放体大、叶大、色艳的植物，如散尾葵、橡皮树、大叶伞、朱蕉、变叶木等；客厅面积不大，且电视背景墙面积有限的情况下，宜选择体型小、株型长的植物，如巴西木、发财树、富贵椰子、常春藤、文竹等，也可选用垂吊植物或组合盆栽植物，体现"室雅何需大，花香不在多"的意境。

设计 / 上海乐达再飞建筑装饰有限公司

◀ 根据背景墙墙面的设计，选择一株颜色浓绿、花姿优美、色彩鲜艳的盆栽是十分必要的。

设计 / 邓晓燕

设计 / 杨建国

▶ 宽敞的客厅可以在墙角处摆放体大、叶大、色艳的植物，如散尾葵、橡皮树、大叶伞、朱蕉、变叶木等。

设计 / 郑超群

设计 / 戴文军

设计 / 戴文军

▲ 该电视背景墙处选用的植物叶型宽大、形态挺拔，能活跃空间的气氛。

◀ 小盆栽配合大株植物为空间增加了活力，客厅也显得更加精巧别致。

设计/杨荷英

设计/易 俗

设计/张思文

▶ 插花干枝也是电视背景墙绿化装饰的一种，使人看后赏心悦目，获得精神上的美感和愉悦。

设计/杨 光

冯庆磊 001	宋 辉 002	李 杰 003	程红军 004	刘真林 005	李 杰 006	宋德旭 007	杨 光 008	于 飞 009	李 康 010
王五平 011	林耀明 012	易银祥 013	邹锡林 014	导火牛 015	金 沙 016	励时设计 017	许志冰 018	马 巍 019	常雅婧 020
代文强 021	代文强 022	代文强 023	代文强 024	代文强 025	代文强 026	奉泉装饰 027	奉泉装饰 028	奉泉装饰 029	贾建新 030
金世纪装饰 031	张朝亮 032	李恩来 033	李 楠 034	刘 闯 035	刘希升 036	刘希升 037	马 健 038	王 峰 039	文 岩 040
文 岩 041	徐 柯 042	徐 柯 043	徐 柯 044	徐 柯 045	杨 飞 046	杨 飞 047	杨建国 048	杨建国 049	杨乐乐 050
袁 野 051	刘晓会 052	刘晓会 053	杨惠光 054	叶臻菲 055	张 强 056	张 强 057	张 强 058	中天装饰设计工作室 059	中天装饰设计工作室 060
朱 涛 061	朱 涛 062	陈国强 063	宋富鑫 064	宋富鑫 065	宋富鑫 066	江新启 067	李 波 068	李丽娜 069	陆 枫 070
彭晓波 071	彭晓波 072	彭晓波 073	彭晓波 074	彭晓波 075	任 伟 076	石伟歧 077	王 鹍 078	魏 童 079	张香峰 080
朱曾龙 081	朱曾龙 082	班跃明 083	班跃明 084	池彦华 085	池彦华 086	单玉石 087	杜先帅 088	樊海鑫 089	樊海鑫 090
樊海鑫 091	樊海鑫 092	胡文波 093	景 尧 094	雷久东 095	雷久东 096	雷久东 097	黎 武 098	李 嘉 099	廉 旭 100

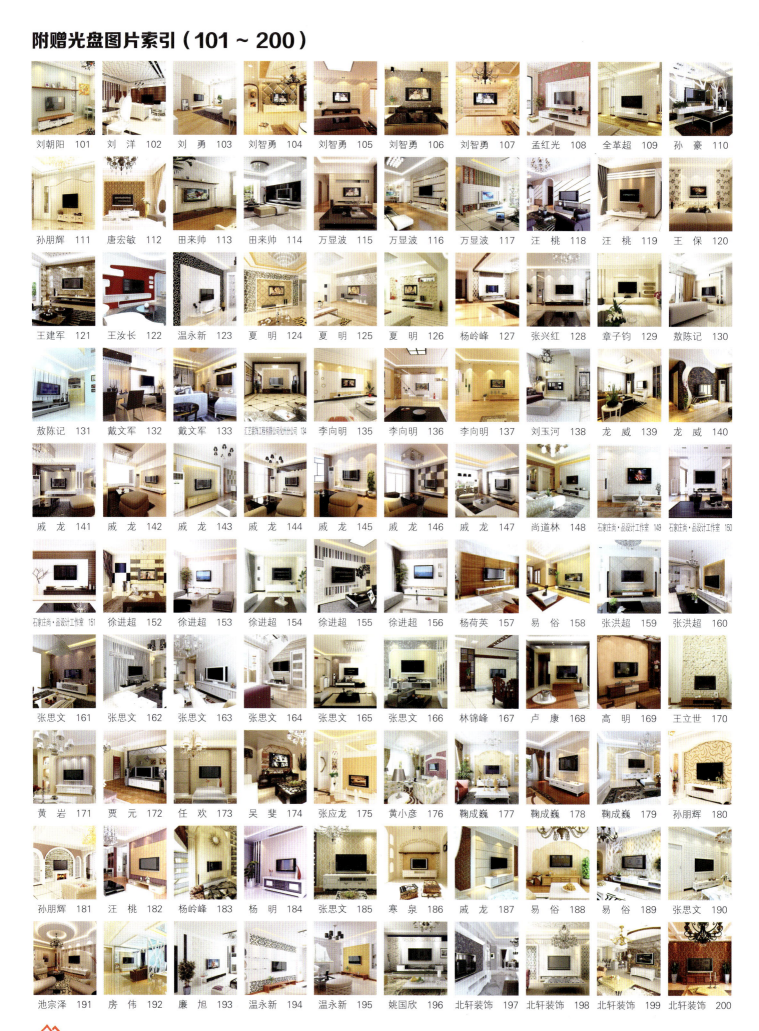

刘朝阳 101　刘洋 102　刘勇 103　刘智勇 104　刘智勇 105　刘智勇 106　刘智勇 107　孟红光 108　全革超 109　孙豪 110

孙朋辉 111　唐宏敏 112　田来帅 113　田来帅 114　万显波 115　万显波 116　万显波 117　汪桃 118　汪桃 119　王保 120

王建军 121　王汝长 122　温永新 123　夏明 124　夏明 125　夏明 126　杨岭峰 127　张兴红 128　章子钧 129　敖陈记 130

敖陈记 131　戴文军 132　戴文军 133　江艺装饰工程有限公司沧州分公司 134　李向明 135　李向明 136　李向明 137　刘玉河 138　龙威 139　龙威 140

戚龙 141　戚龙 142　戚龙 143　戚龙 144　戚龙 145　戚龙 146　戚龙 147　尚道林 148　石家庄尚·品设计工作室 149　石家庄尚·品设计工作室 150

石家庄尚·品设计工作室 151　徐进超 152　徐进超 153　徐进超 154　徐进超 155　徐进超 156　杨荷英 157　易俗 158　张洪超 159　张洪超 160

张思文 161　张思文 162　张思文 163　张思文 164　张思文 165　张思文 166　林锦峰 167　卢康 168　高明 169　王立世 170

黄岩 171　贾元 172　任欢 173　吴斐 174　张应龙 175　黄小彦 176　鞠成巍 177　鞠成巍 178　鞠成巍 179　孙朋辉 180

孙朋辉 181　汪桃 182　杨岭峰 183　杨明 184　张思文 185　寒泉 186　戚龙 187　易俗 188　易俗 189　张思文 190

池宗泽 191　房伟 192　廉旭 193　温永新 194　温永新 195　姚国欣 196　北轩装饰 197　北轩装饰 198　北轩装饰 199　北轩装饰 200